孩子，你要学会强大自己

不用催

唤醒我的内驱力

苏星宁 著 方寸星河 绘

北京理工大学出版社
BEIJING INSTITUTE OF TECHNOLOGY PRESS

图书在版编目（CIP）数据

不用催，唤醒我的内驱力 / 苏星宁著；方寸星河绘．
北京：北京理工大学出版社，2025.3.
（孩子，你要学会强大自己）．
ISBN 978-7-5763-4002-0

Ⅰ．C936-49

中国国家版本馆 CIP 数据核字第 2024XJ9844 号

责任编辑：徐艳君　　文案编辑：邓　洁
责任校对：刘亚男　　责任印制：施胜娟

出版发行 / 北京理工大学出版社有限责任公司
社　　址 / 北京市丰台区四合庄路 6 号
邮　　编 / 100070
电　　话 /（010）68944451（大众售后服务热线）
（010）68912824（大众售后服务热线）
网　　址 / http://www.bitpress.com.cn

版 印 次 / 2025 年 3 月第 1 版第 1 次印刷
印　　刷 / 三河市华骏印务包装有限公司
开　　本 / 880 mm x 1230 mm　1 / 32
印　　张 / 5.375
字　　数 / 120 千字
定　　价 / 168.00 元（全 6 册）

第一章

测试篇：你的内驱力足够强大吗？

第二章

理想篇：树立远大理想，唤醒你的内驱力

第三章

能力篇：激发内驱力必须具备的六大能力

第四章

行动篇：做好这些小事，一步步培养自己的内驱力

第五章

实操篇：解决具体问题，重新点燃内驱力

第一章

测试篇：

你的内驱力足够强大吗？

1 你有为之奋斗的理想吗？

成长的烦恼

中秋节家庭聚餐时，亲戚们问起了我的理想，我无从作答。这时，姥姥说起妈妈小时候的理想是做一名医生，并为之奋斗多年，终于得偿所愿。我听完妈妈的经历，心里又钦佩又羡慕。但我的理想是什么呢？回家的路上，我问妈妈："您是怎么寻找到自己的理想的？我又该怎么找到我的理想呢？"

说说我的故事

假期聚餐
萱萱，你有想为之奋斗的理想吗？
我……我不知道。

妈妈，你呢？

当然，妈妈像你这么大的时候就有自己的理想了。

她从小就立志做一名医生，救死扶伤。
中医医学

实习
合格医生
哇！妈妈，你好厉害呀！
萱萱，你有什么理想吗？
啊！我还没有……
妈妈，我怎么才能找到自己的理想呢？
我该怎样找到自己的理想呢？

我有理想，我会为自己的理想努力奋斗。
我没什么理想……
VS

首先要恭喜那些心中有理想，以及开始琢磨自己的理想是什么的孩子们。尽管你们还小，对于未来的规划和目标可能还不太清晰，但理想是每个人成长过程中都需要拥有的一个重要部分。

有了明确的目标和梦想，我们就会更加有动力去努力奋斗，也会更加专注和投入。同时，理想也会给我们带来希望和勇气，让我们在面对困难和挫折时也能坚持不懈。在实现目标的过程中，发现自己的能力和才华，也会让自己逐渐成长和完善。

有目标，我们的生活就不再是单调和平庸的。我们会充满热情和动力，积极地去探索和体验生活的各个方面。

理想并不一定要高远而宏大。它可以是一个小小的愿望、一个短期的目标关键在于，它要与你的自身实际相符，并且能够激励你去追求。而且，你一定要相信，无论你的理想是什么，只要脚踏实地并为之努力，就一定能够实现。

心理学家给你的建议

如何找到方向，并树立自己的理想呢？

1 努力实现自己的价值

人的价值是个人价值和社会价值的统一。作为新时代的好少年、祖国未来的接班人，我们应该胸怀凌云壮志脚踏实地、认真学习，用知识武装头脑，用科技创造未来，为我们国家的未来发展贡献自己的力量。

询问其他人是如何找到理想的

一个人的理想大部分都和从小的经历有关，问问其他人的理想是什么、他们是如何找到这个方向的，可能是出于喜爱，可能是因为擅长，也可能是受到外界的影响和启发。思考一下，自己要从哪方面入手，寻找理想呢？

榜样的力量是无穷的

如果你的榜样是华罗庚，你可能会努力学习数学；如果你的榜样是钱学森，你会努力学习科学知识；如果你的榜样是雷锋，你会以为人民服务为荣。给自己树立一个榜样，从他的身上汲取力量吧！

每天进步一点点

内驱力是让你变得更好、更优秀的一种动力，有了内驱力的推动，你的成长和学习才会更有目标。激发内驱力，才能在追求目标的路上更加自信和坚定。

你今天驱动自己成长了多少?

2 如果没有奖励，你还愿意努力吗？

成长的烦恼

考试成绩公布了，我没有得到“三好学生”奖状。我失望至极：得不到奖励，努力学习又有什么用呢？老师觉察出我的失落，鼓励我说：“学习是为了提升自己，即使没有奖励，你也要为自己继续努力！”我知道老师说的对，但是没有奖励总觉得缺少点儿什么，努力起来也没有动力。

说说我的故事

月考成绩公布
成绩单
大家月考都考得不错，尤其是睿睿同学，进步很大！
奖状
这次考了全班第五名，肯定能拿奖状。

第五名睿睿……
第四名……
成绩单

奖状

老师，这次奖状什么时候发呀？

月考成绩公布
同学们，这次是月考，不发奖状的。

啊！不发啊……

睿睿，学习是为了提升自己！
即使没有奖励，也要为自己继续努力啊。
没有奖励，我就没有动力呀……
回家爸爸肯定会奖励我的。
爸爸，我考试考了全班第五名耶！
但是月考不发“三好学生”奖状……
儿子，你真棒！自己进步就是最好的奖励呀！
不要老惦记奖状啦。
可我就觉得有了奖状贴在墙上，才更有感觉！

没有奖励和惩罚，我依然愿意继续努力。

没有了奖励和惩罚，我该怎样鞭策自己继续努力呀？

在心理学中，奖励是肯定性反馈。奖励是传统教育中经常使用的手段，形式多样，可以是物质的，也可以是精神的。适当的奖励对于促进人的成长起着一定的积极作用。但是不管什么样的奖励都属于外界驱动，而人的终身成长所需要的是内在动力，即内驱力。

无论是否有奖励，你都应该为了自己的成长而努力。不要让奖励成为努力的唯一目标，而是将它当作额外的回报。真正的价值在于你对目标的追求和成长的过程。

努力奋斗本身就是一种宝贵的财富。通过付出努力，我们可以不断提高自己的能力和技能水平，为自己的未来打下坚实的基础。而且，努力本身就能带来成就感，能够让我们感到自豪和满足。

奖励只是一时的，而努力和成长是一辈子的。相信自己，坚持努力，你一定能够取得更大的成就。

心理学家给你的建议

没有奖励和惩罚，该如何鞭策自己继续努力？

学会淡化奖励和惩罚对你的影响

仔细想想，奖励和惩罚是否混淆了你对目标的追求？要学会淡化和剔除它们对你的影响，比如在父母提出给你奖励时，坚定地说“不”。即使没有奖励或惩罚的时候也认真做事，做个内驱力充沛的人。

做一个富有内驱力的人，不轻易被奖励和惩罚影响。
奖励
惩罚

树立坚定的目标

如果你的信念坚定、不可动摇，相信奖励和惩罚都只是附加值，并非你努力的主要动力。因此，做一件事之前，想清楚为什么要做，坚定信念，不要因外驱力而动摇。

我可以给自己树立一个坚定的目标。

增强竞争意识，学会从精神上奖励自己

突然失去奖励或者惩罚，一时间找不到努力的动力也很正常。可以与同学进行良性竞争，从中获得精神上的满足感，以此代替物质奖励或惩罚，增强内驱力。

每天进步一点点

内驱力是让你变得更好、更优秀的一种动力，有了内驱力的推动，你的成长和学习才会更有目标。激发内驱力，才能在追求目标的路上更加自信和坚定。

你今天驱动自己成长了多少？

3 没有父母的督促，你还能做到自觉自律吗？

成长的烦恼

假期的一天，爸爸妈妈不在家，我因为贪玩，错过了七点的音乐特长班。往常都是爸爸妈妈提前叫我回家准备上课，今天虽然想到了晚上有课，但抱着能偷懒一会儿是一会儿的想法，一下就把上课的事情抛到九霄云外去了。等我去了特长班，已经错过了大部分课程，我顿时懊悔不已，难道没有父母的督促，我就不能自觉自律地管好自己吗？

说说我的故事

第一天
皓皓，记得19:00上音乐特长班哦，别迟到！
知道啦！我最喜欢上音乐课了，怎么可能迟到呀！
第二天
皓皓，一会儿就要上课了，赶快收拾一下。
马上收拾完啦！
第三天
皓皓赶快吃饭，一会儿又要迟到了！
皓皓，妈妈有事出去一下，记得不要迟到了。

知道啦，
妈妈。

18:35
才八点半，
再玩一会儿
也来得及。

19:04
糟了，忘
了时间！

好，今天的内容
就是这些，接下
来自己练习吧。

唉，迟到了
一节课……

难道没有父母的督
促，我就不能自觉
自律地管好自己吗?

不用他人督促，我依然可以积极主动地管好自己。

妈妈不督促我，我就管不好自己吗？

生活中，我们经常会听到这样一些话：“我不小心忘记了……”“我迟到是因为……”“我再玩一会儿……”这些话表明已经不是你在控制自己，而是事情在控制你，这时的你已经处于被动了。

积极主动并不是性格的外向与活泼，而是一个人要作为一名创造者，去掌控与管理自己。一个积极主动的人往往更有创造力，能够更好地主宰自己的人生，更好地对自己和自己的事情负责，而不是交给别人主宰。

学习本就是一个自我探索和成长的过程，这是每一个人自己的旅程，而不是别人强加给你的任务。虽然家长和老师的监督与指导很重要，但是你也应该学会自主学习，积极主动地去探索知识的世界。

每一位父母都会为孩子的付出和努力感到非常自豪。可能有时候，学习的过程会有些沉闷和无趣，但只要找到正确的方法，树立良好的学习态度，学习也可以变得很有趣。

心理学家给你的建议

没有约束，如何才能做到积极主动呢？

1 明确自己的任务，给自己定目标

在没有人告诉你应该怎么做的时候，首先要明确自己的任务是什么，并且给自己定一个目标，然后告诉自己完成的期限与要求，同时试着去督促自己。

要明确自己的任务，给自己定一个目标。
目标

2 从自己能够掌控的小事做起

从自己能掌控的小事做起，有意识地让自己变得积极主动，每向前一步，内心的迟疑、害怕、不自信就会退却一分。先把时间和精力放在这些能掌控的小事上，然后不断地向更加复杂和困难的事情拓展。

从自己能够掌控的小事做起。

3 学习积极主动的话术

把“我应该去做”改成“我打算去做”和“我想要去做”。积极的话术能够从感官上影响一个人的情绪，学着用语言积极地暗示自己，会更容易让大脑发出积极的指令。

我可以完成这次的任务。

每天进步一点点

内驱力是让你变得更好、更优秀的一种动力，有了内驱力的推动，你的成长和学习才会更有目标。激发内驱力，才能在追求目标的路上更加自信和坚定。

你今天驱动自己成长了多少?

4 你愿意在喜欢的事情上精益求精吗？

成长的烦恼

酷爱画画的我最近遇到了难题。美术老师说我的素描构图比例不对，我一时想不出如何精进，便放任不管，认为保持现在的水平也未尝不可。但到了测验时，原本在 A 等级的我掉到了 B 等级。这让我非常懊恼，意识到严格要求自己的重要性。难道我对待喜欢的事情也做不到精益求精吗？

我最喜欢画画啦！

特长班上

大家先用上节课学习的方法画一幅素描作品吧。

我画完啦！

哇！小米你画得真好。

哪有啦。
小米,你画的比例不太对。

还是需要精进呀！

这比例哪里不对？这不挺好的嘛……
就这样吧，反正大家都夸我画得好。
一个月以后……
绘画测验
测评结果
A+
这次测试结果是B，上次还是A+呢……
上次老师说我画的比例有问题，要是及时改正就好了。
以后我要精益求精，更加严格地要求自己！

我愿意在喜欢的事情上精益求精。
VS

难道我对待喜欢的事情也做不到精益求精吗？

首先恭喜你，能够找到自己的爱好。兴趣是非常宝贵的。每个人都有自己的兴趣爱好，这些兴趣爱好能够为我们带来乐趣和满足感。所以，当你发现了自己喜欢的事情时，不要轻易放弃，要好好珍惜。

然而，想在兴趣爱好上取得更好的成绩，就需要付出足够的努力和耐心。精益求精需要持之以恒的毅力和坚持不懈的努力。不要怕犯错误，每一个成功的人都经历过无数次的失败。通过不断地试错和学习，你会变得更加优秀。只是停留在表面浅尝辄止而不去精进突破，则难以取得真正的进步，无法取得更大的成就。

有些时候，你会遇到挑战和困难，但困难是成长和进步的机会。相信自己的能力，相信你可以战胜一切困难。

而且，精益求精并不只是为了追求更好的成绩，更重要的是在切磋琢磨的过程中获得快乐和满足感。当你投入心力并取得进步时，就会发现，过程本身就是一种享受。

心理学家给你的建议

怎样对喜爱之事做到精益求精呢？

和伙伴们共同进步

对待喜欢的事情虽然会更加有兴趣钻研，但也有力不从心和疲倦的时候。你可以找到身边志同道合的伙伴，大家互相帮助、交流经验，共同进步。

小雪，我能和你一起学习吗？

把控过程中的每个细节

科学家做实验，不对每个细节严格把控，怎么能得到理想的结果呢？想要精益求精，就要在保持热爱的同时，有严于律己的习惯加持。比如你喜欢画画，那么就要对每次的作品进行反思、回顾，找到自己可以提升的空间。

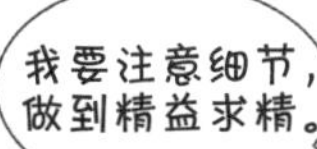
我要注意细节，做到精益求精。

时刻保持求知欲，善于利用每次提升的机会

保持求知欲，多问一些为什么、怎么做，是喜爱变成特长的基础，它会让你在无意识的情况下积累经验，帮助你做到更好。比如老师说你的素描构图比例不对的时候，就应该问一下哪里不对、要怎么画才是对的。

机会
要时刻保持求知欲，善于利用每次提升机会。

每天进步一点点

内驱力是让你变得更好、更优秀的一种动力，有了内驱力的推动，你的成长和学习才会更有目标。激发内驱力，才能在追求目标的路上更加自信和坚定。

你今天驱动自己成长了多少？

5 你的思维方式是成长型思维吗？

成长的烦恼

周末，我和朋友们到游乐场玩耍，尝试了“平衡木挑战”这个项目。我摇摇晃晃、没走两步就摔了下来，于是讪讪地调侃自己天生平衡力不行。和我有着同样境遇的鹏鹏并没有气馁，而是不停地在平衡木上练习，最终通过了挑战。我有些懊恼，为什么我总是给自己设限？为什么一遇到困难，我的思维就被限制住了？

说说我的故事

游乐场
骏骏，我们去玩平衡木吧！
好呀。
平衡木
鹏鹏，我先来挑战一下！
加油呀，骏骏！
加油！
糟糕！
我天生平衡力不好，再练也没用。
骏骏，我去试试。

哈哈，你和我
一样，天生平
衡力不行。
这个项
目不适
合我们。
骏骏，我不
认为我们
做不到。
别灰心！
我觉得过平
衡木肯定是
有技巧的！
我再去
试试！
再来！
终点
骏骏，我成功
了。我就说是
有技巧的吧！
真的哎！

心理学家和你
聊聊天

我不惧挑战，
有成长型思维。

VS

为什么我总是
给自己设限？

任何事情都需要时间和努力的共同加持才能取得成果。不要怕失败，失败只是通向成功的一部分。每次遇到挫折时，不要灰心丧气，而是要学会从中汲取经验教训，找到改进的方法。这就是简单的成长型思维。

成长型思维模式是斯坦福大学心理学教授卡罗尔·德韦克博士在她的专著《思维方式：新的成功心理学》中提出的一个信念体系。这种思维模式能够帮助人们面对生活中的挑战，并不断成长和进步。

拥有成长型思维的人做事不易放弃，哪怕失败，也能很快地从泥泞中爬起来。科学研究表明，大脑是具有可塑性的，也就是说，人的思维模式是可以通过训练来塑造和培养的。思维固定的人做事只会按照原有的认知和想法去做，而拥有成长型思维的人愿意接受挑战，能够拥抱变化，不怕面对失败，积极主动寻找机会，认为凡事皆有可能。

心理学家给你的建议

怎样塑造成长型思维，保持进取心？

学会用发展的眼光看问题

学会用发展的
眼光看问题。

成长型思维的养成需要用发展的眼光看问题。成长的过程分为一个个阶段，每个阶段之间都有一段上升的阶梯。不要在一个阶段徘徊太久，督促自己向着更高、更好的阶段进军才行！比如未来要如何努力、要达到什么样的目标……

原地踏步时，让自己忙起来

我可以先接受一些
别人安排的任务。

成长型思维的养成需要把发展的眼光具体化为不同阶段的发展目标。当你不知道下一个阶段的努力方向而感到非常迷茫时，可以多接受一些别人安排的任务，或者自己合理安排时间，总之，别让自己一直无所事事。

遇到问题不说“不”

遇到困难时，不说“我不行”“我不能”，把自己从自己设置的限制里拉出来，遇到门槛就要想着去迈过门槛，遇到问题就要想着去解决问题。

遇到问题不说“不”。

每天进步一点点

内驱力是让你变得更好、更优秀的一种动力，有了内驱力的推动，你的成长和学习才会更有目标。激发内驱力，才能在追求目标的路上更加自信和坚定。

你今天驱动自己成长了多少？

第二章

理想篇：

树立远大理想，唤醒你的内驱力

6 拥有好奇心，对万事万物保持热情

成长的烦恼

有一次，我和朋友在图书馆看书，就《十万个为什么》开始了讨论。她对书里提到的很多问题和现象都很好奇，脑袋里蹦出一个又一个奇怪的问题，而我对这方面的内容不是太了解，也没有多大兴趣，更别提读下去了。我搪塞过后开始反思自己，为什么我对这奇妙的世界没有那么强烈的探索欲和好奇心呢？

说说我的故事

图书馆
十万个为什么
小蕊，你说月亮为什么会围着地球转呢？
啊？我不知道。
那人类为什么是猩猩进化来的呢？
这我就更不知道了。
一点儿意思都没有……
小蕊，为什么太……
你怎么那么多为什么呢？好奇心真重！

茜茜，你再
看会儿吧。我
去找一下有没
有想看的书。
回家后
妈妈，茜茜
好奇心特别重，
什么都要问个
明白！

我也回答不了
她，感觉她
好烦人呀。
宝贝，有好奇
心不是坏事呀！
好奇心可以
驱动她去了
解、认识和
学习哦。
这说明茜茜对
世界万物都保
持着热情啊。

拥有好奇心
可以驱使自己
不断进步。
原来是
这样啊。

可是我该怎么
做才能拥有好
奇心，时刻保
持热情呢？

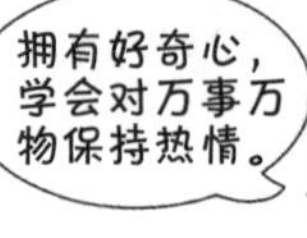

拥有好奇心，
学会对万事万
物保持热情。

为什么我对这
奇妙的世界没
有那么强烈的
好奇心呢？

心理学家乔治·罗文斯坦认为，当我们已经知道的事情和想要知道的事情存在差距的时候，好奇心就产生了。

对某一方面没有兴趣，并不代表你就是一个没有好奇心的人。如果你对篮球有所了解，那么当有人跟你聊起 NBA（美国职业篮球联赛）的趣闻时，你可能就容易产生好奇心。这就说明，好奇心的产生跟相关的知识储备或者说对某一事物的认识程度有很大关系。

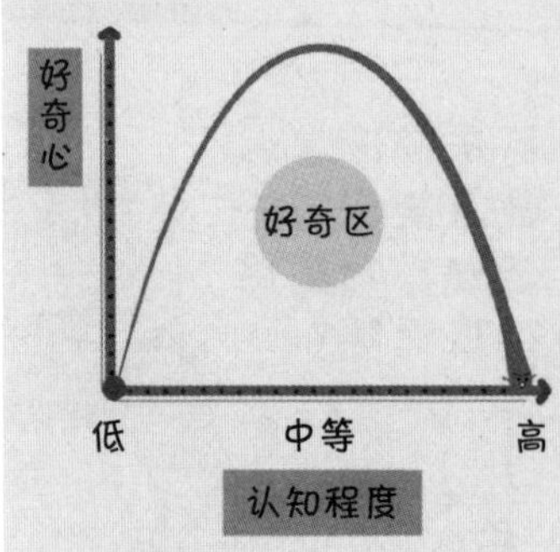

如果把对某一事物的知识储备或认知程度设为 X 轴，好奇心的发展会呈反向 U 形。如图所示：

所以，如果你觉得自己对某一事物或者某一学科不感兴趣，大部分时候可能是因为你对此知之甚少，而此时要做的就是投入时间和精力去加以了解，激发好奇心，不断探索。

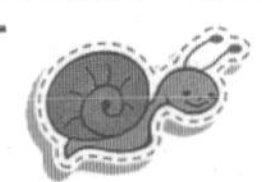

心理学家给你的建议

怎样保持对世界充满探索欲和好奇心呢？

跨过“幼稚”的心坎，多问几个为什么

小朋友对世界懵懵懂懂，经常会问一些看起来有些“幼稚”的问题。回想一下你自己，是否越来越难把问题宣之于口了呢？要试着在不懂的事情上多问几个为什么，抱着求知的心态多开口、多提问，大胆说出自己的疑问。

放下羞耻多开口，大胆说出自己的疑问。

和积极回应自己的人多交流

如果你面对的是个缺乏耐心的人，他可能永远无法满足你的好奇心，你需要为探索欲和好奇心找到正确的倾诉对象。无关年龄和职业，那个人也许就在你身边，快去寻找你的“知己”吧！

要和积极回应自己的人多交流。

增加自己的知识储备量

读书是一种能够帮助我们提升自我知识储备的好方法。阅读可以开拓我们的视野，不断拓展我们的知识面，帮助我们更好地理解世界。互联网是一个宝库，通过搜索引擎和在线学习平台，可以找到大量的学习资料、课程和教育资源。

与其苦苦询问别人，不如增加自己的知识储备量。

每天进步一点点

内驱力是让你变得更好、更优秀的一种动力，有了内驱力的推动，你的成长和学习才会更有目标。激发内驱力，才能在追求目标的路上更加自信和坚定。

你今天驱动自己成长了多少？

7 找到自己的兴趣爱好，坚持下去

成长的烦恼

课间时，前桌同学和我讨论起兴趣爱好。她说起自己学过美术、唱歌、主持等，最后选择了最喜欢的跳舞，并一直坚持下来。当她将话题抛给我时，我一时语塞，虽然我有很多喜欢的事，但一个都没有发展成爱好或特长。她开导我说，也许是我没有找到真正的兴趣所在。那么，我该如何找到自己的兴趣爱好，坚持下去呢？

说说我的故事

大课间
悦悦、萱萱，你们的兴趣爱好是什么呀？
我最喜欢弹钢琴，而且一直在练习呢。
佳佳，那你的兴趣爱好是什么呀？
我学过画画、小提琴、播音主持。
画画
小提琴
播音主持
最后我选择了最喜欢的舞蹈。

萱萱，你的兴趣爱好是什么呀？
我……
我好像喜欢过很多东西。
又好像什么都没喜欢过……
是喜欢过很多东西，但是都没有发展成自己的兴趣爱好吗？
嗯。
可以先找到自己最喜欢做的事。
然后坚持下去，把它发展成自己的兴趣爱好。
我去试试。
这样真的能找到自己的兴趣爱好吗？

我能找到自己真正的兴趣爱好，并坚持下去。

我好像对什么都提不起兴趣……

每个人都有自己独特的兴趣和爱好。有些人喜欢足球，有些人喜欢钢琴，还有些人喜欢绘画。兴趣爱好是我们个性的一部分，也是帮助我们发展技能和快乐生活的重要途径。

寻找自己的兴趣会需要一些时间和尝试。任何一项兴趣爱好的培养都不能浅尝辄止，而是在参与、坚持、投入情感之后，将其发展为自己的所爱。我们从中体会到快乐，并获得一定的成就感，而这些快乐和成就感又会进一步激励我们对这项兴趣的喜爱。

当我们对某件事情充满热爱时，即使遇到困难和挫折，我们也能坚持下去，因为我们相信自己对这件事情有天赋，有能力克服。同时，个人品质、行为习惯等也会在这个过程中受到潜移默化的影响。

一切高效的工作都是以某种兴趣为先决条件的，有了兴趣爱好，便有了追求与目标，便能在热爱的领域实现自我价值。

心理学家给你的建议

如何找到自己的兴趣爱好，坚持下去呢？

保持好奇，多思考，多琢磨

比如你玩的游戏非常好玩，那它是怎么设计出来的呢？这就需要你多了解相关知识，上网查阅资料、翻看书籍，多动脑，了解游戏设计都需要哪些知识和技能，也许这就是你兴趣的开端。

找到自己热爱的事情，确立目标

热爱不等于天赋，更不等于成就。热爱是那些也许你并不擅长且没有回报，可能会让你跌倒，但你仍然愿意为之去付出的事。当你找到了方向，就给自己制订个学习计划吧。

培养计划
留心自己喜欢做的事情，做个培养计划。

3 准备进一步发展爱好，遇到困难学会坚持

虽然有喜爱做支撑，发展爱好也会遇到很多困难。就像学芭蕾舞，获得优美舞姿的同时，也要忍受脚趾变形的痛苦。要事先考虑到困难，给自己打一个“预防针”，这样有助于你咬牙坚持下去，品尝胜利的果实。

每天进步一点点

内驱力是让你变得更好、更优秀的一种动力，有了内驱力的推动，你的成长和学习才会更有目标。激发内驱力，才能在追求目标的路上更加自信和坚定。

你今天驱动自己成长了多少？

8 做个有志气的人，树立进取心

成长的烦恼

有次考试，我的成绩不是很理想，为此我和爸爸争吵了起来。爸爸说："不知上进，只想着玩！"我很不服气，明明我也学习了，又不是没有及格。爸爸听了我的观点，严厉地批评了我，说我的问题在于缺乏对自己有更高的目标和要求，而是任由自己得过且过，没有志气。爸爸的话点醒了我，难道我是个没有志气、不思进取的人吗？

说说我的故事

放学回家

成绩跟上次比退步了一些，不过也还好了。

成绩单

皓皓，这次考试成绩怎么样啊？

给，爸爸，这是我的成绩单。

成绩单

我先回房间啦。

成绩单

语文：78

数学：80

英语：72

……

我又不是倒数，也没有不及格，这样不行吗？

皓皓，爸爸不是要求你考第一。

而是希望你有积极上进的志气和勇气。

要学会反思，不可得过且过。

古人云：“三军可夺帅也，匹夫不可夺志也。”

皓皓，不仅要在学习上有志气，在生活中也是同样的道理。

做一个有志气的人，树立自己的进取心。

难道我是个没有志气、不思进取的人吗？

孩子们，对于社会的快速发展，你们没有特别明显的感受，但是你们的祖辈、父辈都有特别明显且深刻的感受，你们可以跟自己的爸爸妈妈、爷爷奶奶聊一聊这个话题。

这个世界变化万千，只有不断进步才能跟上时代的步伐。你们每个人都有自己的潜力，只要努力去发掘和发挥，就能够实现自己的梦想。因为生活中有很多机会可以学习，不仅仅是在学校里，还有书籍、互联网等。而且在现在的社会，只要你有自己擅长的，就会有用武之地。

在学习的过程中，难免会遇到困难和挫折，希望你们不要轻易放弃，要有积极的心态和坚韧不拔的毅力，坚持下去，相信自己能够战胜一切困难。

当然，尤为重要的是，无论成功还是失败，都要从中吸取经验教训，思考自己的不足和需要改进的地方。只有不断反思和总结，才能不断进步、变得更好。

心理学家给你的建议

如何树立进取心，做个有志气的人呢？

1 用发展的眼光定义成功

进步观不是单一地以成败论英雄，而是用发展的眼光看待成功。考试不是第一名就是失败吗？不，从第十名进步到第九名也是成功。五音不全就是失败吗？不，能开口唱歌也是成功。每天进步一点点，逐渐形成进步观。

每天进步一点点，逐渐形成进步观。

2 树立自信，追求梦想

相信自己，是自信者的“标配”。自信驱动自身燃起做事的信念，让内驱力更加强大，有助于行走在筑梦路上的脚步更加坚实。比如在生物课上答对了一个所有人都不知道的问题从而让你树立起的自信，是让你成为一名生物学家的伟大志向的起点。

相信自己，是自信者的“标配”。

3 坚定信念，务实重干

树立伟大的志向，下一步就是踏实肯干。有志向的人不是空口说白话，是有计可施、有路可行。比如想成为一名警察，不学理论知识、不加强体能训练，志向就是一场空。树立志向的同时，要学会求真务实，把理想落实在日常的学习和计划中。

有志向的人不是空口说白话，是有计可施、有路可行。

每天进步一点点

内驱力是让你变得更好、更优秀的一种动力，有了内驱力的推动，你的成长和学习才会更有目标。激发内驱力，才能在追求目标的路上更加自信和坚定。

你今天驱动自己成长了多少？

9 树立远大目标，勇敢追梦

成长的烦恼

周一的升旗仪式上，校长做了一篇名为《我的梦想》的演讲。解散之后，大家纷纷说出自己的梦想，如科学家、警察、宇航员等。在我看来，每天有吃有喝，成绩差不多就行了呗，为什么要整得这么“高大上”？再说了，当科学家、宇航员哪有那么容易？我并没有他们那样远大的理想，也不想那么辛苦，难道我就是个无目标、无方向的人吗？

说说我的故事

校长讲话
跟大家聊一聊我的梦想……
升旗仪式后
我的梦想是做一名科学家，探索更多的未知世界。
我的梦想是当一名警察，惩奸除恶，维护社会治安。

你们都好棒呀！
骏骏，说说你的梦想呗。
骏骏，你的梦想是什么？
我没啥梦想，在我看来，有吃有喝就够了。
我没想过要有多优秀，哈哈。
啊？人没有梦想，跟咸鱼有什么区别？
人没有梦想，和咸鱼有什么区别……
咸鱼
咸鱼
咸鱼
难道我是一个没有目标、没有方向的人吗？

心理学家和你
聊聊天

树立远大目标，
勇敢追梦。

VS

难道我就是个无
目标、无方向的
人吗？

诸葛亮曾说：“夫志当存高远。”孟子也曾言：“士贵立志，志不立则无成。”可见，远大的目标和志向能够给予我们奋斗的力量与方向。人只有树立远大的目标与志向，有理想、有抱负才能成功，才能拥有强劲的内驱力。

“如果一个人的头上缺少一颗指路明星，那么他的生活将醉生梦死。”这是苏霍姆林斯基的名言，这里的指路明星就是远大的目标。树立远大的目标，可以解决学习动力不足的困扰，增强人的内驱力，使生活具有方向感，让人对未来充满信心、对逐梦充满勇气。这种健康的心理反过来又会影响人的日常学习与生活，从而形成一种良性循环。

少年意气风发，应立鸿鹄之志。树立远大目标，勇敢追梦，唤醒并增强内驱力，提高学习以及生活的积极性，只有这样，才会更加坚定地走在逐梦之路上。

心理学家给你的建议

如何树立远大目标，勇敢追梦呢？

发现自己的优势，找到理想的方向

也许你还没有找到人生的方向，谈理想还过早，现在要做的是发现自己的优势，问问自己，这是我感兴趣的东西吗？这种兴趣可以一直持续吗？它能够发展成我以后的职业或学业方向吗？找到能一直努力的事，才是开启追梦之路的敲门砖。

发现自己的优势，
找到理想的方向。

追梦路上要不怕困难，勇往直前

一个舞蹈家，身上少不了一块块青紫；一个运动员，也少不了跌倒、受伤；一个科学家，一定经历过一次次的实验失败……能坚持下去的人，才有可能实现人生理想，要坚定地相信自己，增强内心的力量，才能披荆斩棘。

要坚定地相信自己，
增强内心的力量，
才能披荆斩棘。

3 虚无缥缈不可取，踏实肯干才是真

奔着前行的启明星，只有目光锁定脚下，筑好通往梦想的每一块砖石，才能离它越来越近。比如你的梦想是成为一名作家，就要多阅读、多观察、勤练笔。不积跬步，无以至千里；不积小流，无以成江海。

虚无缥缈不可取
踏实肯干才是真

每天进步一点点

内驱力是让你变得更好、更优秀的一种动力，有了内驱力的推动，你的成长和学习才会更有目标。激发内驱力，才能在追求目标的路上更加自信和坚定。

你今天驱动自己成长了多少？

坚定信念，相信自己

成长的烦恼

我报名参加了学校运动会的长跑，但训练时的强度让我有些退却。每次跑到八百米时，我就开始气喘吁吁，觉得自己不行，也跑不过别人。我跟教练说自己不是这块料，教练却说，越是这时候，越能体现一个人坚定与拼搏的体育精神。我听了很羞愧，跑步是只要坚持就有进步的事情，我连这点儿坚持下去的信念都没有吗？

说说我的故事

运动会
体育委员，我要报名长跑。

训练准备

训练前期

训练中期
训练后期
好累啊！

第四天中后期
不行，跑不动了。
第五天中后期
坚持不下来了！

唉……算了吧，我根本不是这块料。

老师，我……
我想弃赛。
我跑了五天，
真的太累了。
长跑我怕是坚
持不下来啊。
小米，你都坚持
跑了五天啦？很
厉害啊！这样放
弃不会遗憾吗？
自己
如果你连自己
都战胜不了，
怎么在赛场上
战胜别人？
小米，不要灰
心，也不要轻
易退缩。相信
自己一定行！
对，我不能
逃避，我要
坚持下去！
我可以跑不过别
人，但绝不能先
被自己打败！
加油
加油

心理学家和你
聊聊天

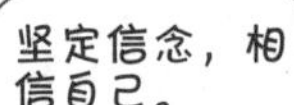
坚定信念，相
信自己。

VS

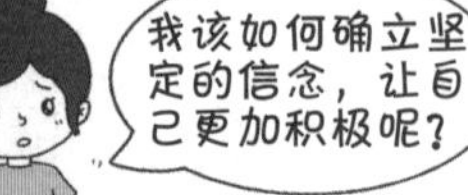
我该如何确立坚
定的信念，让自
己更加积极呢？

我们总在说“坚定的信念”，那么信念是什么呢？从心理学角度简单来说，信念就是一种坚定的认知，是一种不会轻易动摇的想法或者念头。

耶鲁大学的心理学教授罗伯特·埃布尔森认为，信念是一种动力，是认知、情感和意志的融合与统一，能够激励人们按照自己认为正确的观点或原则坚持不懈地行动，以实现其目标、心愿或理想。

根据对人们行为所产生的影响，信念可以分为合理的信念和不合理的信念。合理的信念可引发适当的情绪和行为反应，如“不管别人怎么看我，我都是有价值的”。不合理的信念则会导致不适当的情绪和行为反应，如“努力这么久还是失败了，我真是什么也做不好”。如果一个人过度坚持某些不合理的信念，将长期处于不良的情绪状态中。希望大家可以多觉察自己的不合理信念，及时调整，将其转化为合理的信念。

心理学家给你的建议

如何确立坚定的信念，让自己更加积极呢？

记录你的信念，激励自己

鲁迅先生在三味书屋读书的时候，在课桌上刻下过一个“早”字。我们当然不提倡在课桌上刻字，但是可以把有价值的信念写在日记本里，或者贴到墙上、书桌上。这样的行为就像一种仪式，可以一直激励我们。

记录自己的信念，时刻激励自己。

2 将信念付诸行动，鼓励自己多磨砺

任何信念的建立都基于自己的经验和判断。当我们有了念头，不妨试试多肯定自己，让自己行动起来，鼓励自己多尝试，从而积累经验，在不断获得的成就感中坚持下去。

不妨试试多肯定自己，让自己行动起来。

抵制诱惑，坚定自己的信念

日常生活中，当我们制定了目标，并付诸行动时，要自发地抵制周遭的诱惑。比如，你想要放松玩会儿游戏，就要自己把控时间，到了时间就立马停止，不要对自己心软。别小瞧生活中的小事，这些事反而可以磨炼自己的意志、坚定自己的信念。

学会抵制诱惑，坚定自己的目标。

每天进步一点点

内驱力是让你变得更好、更优秀的一种动力，有了内驱力的推动，你的成长和学习才会更有目标。激发内驱力，才能在追求目标的路上更加自信和坚定。

你今天驱动自己成长了多少？

第三章

能力篇：

激发内驱力
必须具备的五大能力

11 积极主动的能力——内因决定外因

成长的烦恼

学校环保小队组织了捡垃圾活动，我被安排到了湖边。看着大家都积极地对待分配到的任务，我十分不解，为什么我要被安排去干活？我迈着懒散的步伐无声地对抗，最后只有我负责的区域依然脏、乱、差。不知是谁揭发了我的“恶行”，我被老师当众批评了。难道我不具备积极主动的能力吗？

说说我的故事

环保小分队

大家要去指定的地点捡垃圾。

骏骏，你负责捡湖边的垃圾。

骏骏，要好好干呀，会有人来检查的。

知道啦。

集合啦！

大家都打扫得很
干净，只有湖边
还有很多垃圾。
湖边是谁
负责的？

老师，湖边
是骏骏负责
打扫的。

难道我真
的不具备
积极主动
的能力吗？

我具备积极主动的能力，因为内因决定外因。
VS
难道我不具备积极主动的能力吗？

当面对一件你并不太喜欢但是又不得不做的事情时，你是会积极主动地去应对，将其视为锻炼能力的机会，还是消极被动地面对，或者干脆选择逃避？如果这件事对你来说是有意义的，那么后一种心理无疑会使人退步。

有一点不容忽视，那就是我们的情绪和行为是受到想法与信念影响的。当遇到这样的事情，我们可以尝试从不同的角度去看待它。例如，我们可以思考这项任务对我们个人成长的意义，也可以想一想它对他人或对团队的影响。通过这种方式，我们可以重新审视任务的价值，从而激发自己的积极性。

对问题的解决方案的关注也是推动行为积极改变的重要因素。简单来说，就是面对困难和挑战时，聚焦于寻找解决方案而不是纠结于问题本身，就可以减少无效的忧虑、内耗，从而迈出解决问题的第一步。即使迈出的是很小的一步，也是自我的成长和提升。

心理学家给你的建议

怎样培养积极主动的能力，由内而外地塑造自己呢？

设定目标，提升自我价值感

在追求个人成长和成功的道路上，设定目标是一个至关重要的步骤。通过设定目标，我们能够明确自己的意图和期望，为自己的行动提供方向和动力。同时，设定目标还可以提升我们的自我价值感，使我们更有成就感和满足感。

提升自我价值感会有意想不到的收获哦！

培养兴趣才能更加积极主动

有时候要学会引导自己燃起对某件事的兴趣，比如被人夸奖字好看，会更加积极练字；看了奥运会，对游泳、网球兴致昂扬等，都是兴趣引领主动性的例子。多把精力放在兴趣上，更有助于培养积极主动的能力。

多把精力放在兴趣上，更有助于培养积极主动的能力。

有了想法就立刻行动

有什么想法就立刻落实，对培养积极性和主动性必不可少。当你计划做一件事时，不要将它推后，马上着手去做，这种果断的态度有利于提高做事的积极性，养成主动做事的好习惯。

有想法就赶快行动，养成主动做事的好习惯。

每天进步一点点

内驱力是让你变得更好、更优秀的一种动力，有了内驱力的推动，你的成长和学习才会更有目标。激发内驱力，才能在追求目标的路上更加自信和坚定。

你今天驱动自己成长了多少？

12 主动学习的能力——让自己不断进步

成长的烦恼

科学课上，老师提出了一个问题——昆虫的成长分为几个阶段？大家都对这个问题很感兴趣，下课后，同桌追上老师主动询问，而我只顾着玩耍，把问题抛到了脑后。对于不懂的问题，同桌通过主动学习得到了答案，而我依然一无所知。要怎样才能培养主动学习的能力，使自己不断进步呢？

·说说我的故事·

昆虫的成长分为
几个阶段？
自由讨论

我认为是三个
阶段。因为……

可
可
下课啦！
我还是觉得
是两个阶段。

老师，昆虫到
底有几个发
展阶段呀？
你们可以
去书中找
找答案哦。

琪琪，我查到有的是三个阶段，有的是四个……
皓皓，一起去查资料呀。
你们查吧，查完告诉我！我看会儿漫画书。
漫画书
终于可以看漫画了！
哈哈哈！
漫画书
会不会就是有两种情况呢？
漫画真有意思！
我们去问一下老师吧。
老师说我们讨论的结果是正确答案！
太好了！
昆虫的成长阶段？？？
漫画书

我能够主动学习，让自己不断进步。
VS
我要怎样才能培养主动学习的能力呢？

每一个人生来就具备学习的能力，但是拉开人与人之间差距的是主动学习的能力。

学习可以分为主动学习与被动学习。被动学习是指处于被动接受状态的一种学习，是把学习当作任务去完成。而主动学习是把学习当成自己分内的事，即使身边没有老师和家长，仍然能够聚精会神、全神贯注，且主动去寻求未知的答案。

只有拥有积极主动的学习态度，才能在学习过程中形成自己的体会和感悟，真正做到学有所得，同时产生浓厚的学习兴趣与持久的学习动力。由此可见，想要拥有愉悦的学习体验和高效的学习成果，就必须培养主动学习的能力。

只有把学习变成自己的事，而非看成一种任务和负担，真正走进学习里，发现学习的奥秘，感受学习的乐趣，才能进入良性循环。

心理学家给你的建议

如何培养主动学习的能力，使自己不断进步？

明道、优术，方可践行

首先，你要明确学习的目的是什么。是枷锁，是任务，还是提高自我修养和自身素质的手段？然后，你需要给自己制订一个详细的学习计划，进行自我管理。最后，你要约束好自己，严格按照计划执行，以此来提高学习的主动性。

营造良好的学习氛围

学习也是需要良好的环境与氛围的，要保证学习环境的良好，避免外界的干扰和各种诱惑。干净、整洁的学习环境会使你更好地投入；学习时关掉电视，会使你不被外界所影响；和主动学习的人一起学习，会有更好的沉浸感。

不要让惰性心理成为习惯

人都会有惰性，只要思想稍稍松懈，便会显现出来，使你无法再继续坚持学习。所以，不要让惰性心理成为习惯，也不为自己的懒惰找借口。否则，你只会越来越懒散，以至于失去学习的主动性。

每天进步一点点

内驱力是让你变得更好、更优秀的一种动力，有了内驱力的推动，你的成长和学习才会更有目标。激发内驱力，才能在追求目标的路上更加自信和坚定。

你今天驱动自己成长了多少？

13 甘于付出的能力——为了理想敢于拼搏

成长的烦恼

我的偶像是科比，我梦想着成为一名篮球运动员。有一次我得到了参加少年组初赛的资格，但是赛前的艰苦训练让我无法坚持，于是找各种借口偷懒躲避训练，就这样三天打鱼两天晒网地训练着。最终到比赛的时候，我以替补队员出场。看到队员们在球场上挥洒汗水的姿态，我不禁有些羞愧，为什么自己不能为了梦想努力拼搏一把呢？

说说我的故事

DUNK KING
23

我一定可以成为一名真正的篮球运动员！

少年篮球队招募信息
XXXXXXXX

入队申请书

体能训练
好累！

哇！
入队同意书
少年篮球队
欢迎您的加入

基础训练

战术训练

蹦蹦，我想休息会儿，你先去训练吧。
唉，训练太累了，明天偷个懒吧。

第二天
老师，我今天不舒服……
第三天
老师，我肚子痛……
之后几天
老师，我腰疼……

替补位
要是当时不偷懒、好好训练，我也能上场比赛了……

为了理想，
我敢于拼搏。
VS
我难道不能为
了梦想而努力
拼搏一把吗？

每个人都可以拥有理想，但并不是每一个人都会为了理想不言放弃地去拼搏。不要说学生，就连好多成年人也会“想得太多、做得不够”。

有的人常常因为各种原因不愿为理想付出，也有的人已经为梦想启航了，却因各种挫折或困难而停下脚步。“不经一番寒彻骨，怎得梅花扑鼻香”，没有人可以不用付出就摘取胜利的果实。而且，付出是个持久且漫长的过程，没有强劲的内驱力作为支持，没有坚定的意志与奋力拼搏的勇气，很难走到最后、实现自己的理想。

没有付出与拼搏的理想是空想、幻想，永远等于零。当我们坚持不下去或者迷茫的时候，回头审视一下自己的理想，把大目标分解为小的、具体的目标，通过完成小目标来提升内驱力。我们要相信：只要努力，就有改变；越努力，越幸运。

心理学家给你的建议

如何培养为了理想甘于付出的能力呢？

1 宝剑锋从磨砺出

端正思想是第一要务，在为理想而努力的过程中，要准备好经历磨炼。比如想写一手流畅舒展的字，就要日复一日地练习，很多书法家的手上都有厚厚的老茧。付出不一定有回报，但不付出一定得不到回报。

宝剑锋从磨砺出

2 享受拼搏的快乐

为了梦想而奋斗的过程也是快乐的，你能享受到别人鼓励和赞许的目光，享受到达成自己目标的胜利感。在拼搏中寻找快乐和获得感，也是一种能力，它能帮助你燃起继续拼搏的动力。

学会享受过程中别人的鼓励和赞许。

学会接受失败，为了目标不吝付出

诺贝尔为研究炸药多次险些丧命，但为什么还是坚持了下来？要学会理性地看待失败，因为失败也是一种收获。淡然接受失败，坦然面对挫折，不抱怨，不懈怠，唤醒自主意识，才能获得源源不断的动力。

学会接受失败，积极面对挫折。
不抱怨
不懈怠

每天进步一点点

内驱力是让你变得更好、更优秀的一种动力，有了内驱力的推动，你的成长和学习才会更有目标。激发内驱力，才能在追求目标的路上更加自信和坚定。

你今天驱动自己成长了多少？

14 敢于吃苦的能力——为了理想百折不挠

成长的烦恼

我从小立志做一名军人，保家卫国。新学期开始，学校组织了军训。正值酷暑，我顶着炎炎烈日在操场上站军姿，没过多久就开始头晕眼花，无法忍受的我只能躲到了树荫下。最后坚持下来的同学都获得了“训练标兵”的荣誉，只有我和几个身体不适的同学没有。我非常失落，明明是一次很好的实践经历，为什么我连这点儿苦都吃不了呢？

说说我的故事

天呐，军训也太苦了。
要顶着这么大的太阳在外面站军姿……
好想去旁边的阴凉地歇一会儿啊。
他们怎么这么能吃苦呀？我要坚持不住了……
一段时间后
报告教官，我身体不太舒服……
军训结束
给今天成功完成军训的同学颁发“训练标兵”奖章！
训练标兵
谢谢教官！
我也好想要奖章啊……
我怎么连这点儿苦都吃不了呢？

心理学家和你
聊聊天

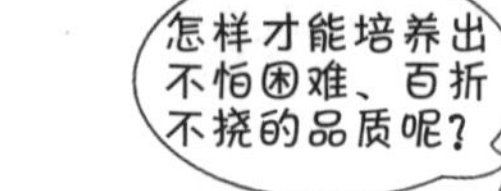
我不怕困难，
为了理想百
折不挠。

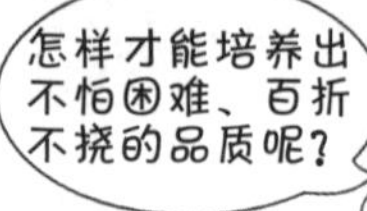
VS

怎样才能培养出
不怕困难、百折
不挠的品质呢？

"故天将降大任于是人也，必先苦其心志，劳其筋骨，饿其体肤，空乏其身，行拂乱其所为，所以动心忍性，曾益其所不能。"孟子的这段励志语录，很好地诠释了我们这节的主题。

在现在的生活环境中，许多人很难体会到吃苦的真正含义。或许你们现在所感觉的"苦"就是学习任务的"苦"，作业太多、自由玩耍的时间太少、处处被管束……其实，吃苦既指物质的贫瘠、体力上的付出，也指心理和精神上的耐挫能力，更重要的是面对挑战，克服困难、战胜自我。

敢于吃苦，勇于面对困难和挫折，便不会将这些"苦"和这些"难"视为绊脚石，而是能够泰然处之，乐观面对并积极克服。没有天生就会成功的人，也没有人能轻而易举地实现自己的理想。每个人都应该在该吃苦、该奋斗的年纪付出努力，这样才能够站在为理想奋斗的征程的终点。

心理学家给你的建议

怎样才能培养不怕困难、百折不挠的品质？

纸上得来终觉浅，绝知此事要躬行

听来的、看来的，都不如自己实践来的。哪个琴师不是弹断了不知多少根琴弦，才奏出了天籁之音？哪个军人不是历经了无数磨炼，才有了飒爽英姿？

听来的、看来的，都不如自己实践来的。

从生活点滴培养吃苦耐劳的习惯

行为决定习惯，想养成吃苦耐劳的习惯，就要从生活中的点滴做起。比如主动承担起饭后洗碗的职责，主动承担起打扫卫生的任务，不做一个饭来张口、衣来伸手的“小懒虫”。

做一个饭来张口、衣来伸手的“小懒虫”。

多读励志的故事，设身处地感受坚韧的品行

匡衡凿壁偷光、刻苦学习，终成西汉名相；孙敬和苏秦头悬梁、锥刺股，埋头苦读，终成赫赫有名的政治家；尼克·胡哲虽天生没有四肢，但他通过学习技能和坚持不懈的努力，成了一位成功的演说家，带给无数人以希望……这些故事无一不激励着我们自强。

多读励志的故事，设身处地地感受坚韧的品行。

每天进步一点点

内驱力是让你变得更好、更优秀的一种动力，有了内驱力的推动，你的成长和学习才会更有目标。激发内驱力，才能在追求目标的路上更加自信和坚定。

你今天驱动自己成长了多少？

15 专心致志的能力——在喜欢的事情上越钻越深

成长的烦恼

周末在家，我和表弟研究起了我们的共同爱好——机械钟表的构造。研究了一会儿之后，我便开始心猿意马，一会儿想想有没有好看的动画片，一会儿想想要不要出去玩会儿。当我转过头想问表弟有没有比较好玩的事情的时候，却发现他正专心致志地低头钻研，反观我却三心二意。难道我对待喜欢的事情也做不到专心致志吗？

说说我的故事

去玩什么呢？
表弟，咱们要
不出去玩吧！
表弟，咱们出
去放风筝吧。
表哥，我马
上就要重新
组装好了！
你看，
表哥。
我把钟表装好
了，也弄明白了
它的机械原理。
我怎么做不到
跟表弟一样专
心致志呢？

心理学家和你聊聊天

我对待喜欢的事情，可以做到专心致志。

VS

我做事三分钟热度，无法专心……

哈佛大学心理学博士丹尼尔·戈尔曼指出，决定一个人成就的首要因素不是智商，也不是努力程度，而是专注力。当我们的注意力越集中时，神经回路的锁定能力就越强，它能强化我们的目标，同时过滤掉无用的信息。

导致我们无法专心致志的因素有很多：嘈杂的环境、内心目标性不强、身体不适等。现实生活中，人们总会觉得接触的事情越多，视野就越开阔，做的事情越复杂，成功的机会就越多。但事实是，做的事情太多，也许能获得暂时性的利益，但无法取得突破性的成就。因为每个人的精力都是有限的，那些渴望事事成功的人，反而可能事事失败。如果能够调动自己的注意力，把整个心思放在一件事情上，那么在这件事上取得成功的机会将会大大增加。

要养成无论做什么事情，都全力以赴、聚精会神、专心致志的习惯，这样才能在自己以后所从事的领域中出类拔萃。

心理学家给你的建议

如何培养钻研精神，做事专心致志呢？

不要同时骑两匹马

一心不可二用，人也无法同时骑两匹马。如果目标太多，就很难聚焦，大脑需要先从一个思维逻辑中跳脱出来，然后才能投入另一件事情，来回忙碌、不断被干扰，非但无法提高效率，反而容易混乱、疲惫。

一心不可二用，
人也无法同时
骑两匹马。

合理设定目标，做好规划

畏难是人的天性，如果一个人经常完不成目标，他的大脑会排斥这件事，再想专注起来就很难。如果你计划上午完成一套数学题，就要合理安排好时间，确保准时完成，不轻易打乱计划，也不可中途放弃。

合理设定目标，
做好规划。

3 内心保持“戒备”状态

给自己创造一个高效的环境很容易，但外界环境毕竟不是主要矛盾，重要的是我们的内心需要时刻警醒，意识到自己分心了、被其他的事情牵扯精力了，就要有意识地将自己拉回专注的状态。

我们要时刻自我
觉醒，内心保持
戒备状态。

每天进步一点点

内驱力是让你变得更好、更优秀的一种动力，有了内驱力的推动，你的成长和学习才会更有目标。激发内驱力，才能在追求目标的路上更加自信和坚定。

你今天驱动自己成长了多少？

第四章

行动篇：

做好这些小事，一步步培养自己的内驱力

16 面对有难度的事，不妨从拆分任务开始

成长的烦恼

学校夏令营活动中，老师带着我们学习野外制取淡水。老师说净化野外水资源对我们来说有一定的难度，所以划分成了多个小任务，安排我们每个人只完成一个简单的环节：拾干柴火、支起架子、寻找器皿……看着大家忙碌的身影，我深受启发。是呀！把困难的事情进行拆分，分解为多个子目标，不就好解决了吗？

说说我的故事

学校夏令营

同学们，如果我们在野外没有淡水喝了怎么办？

水蒸气
冷凝器
海水
冷却水
淡水
我们可以采用蒸馏的方式对海水进行提纯和净化。

大家了解完原理后，就可以就地取材了。

接下来给大家分配任务。

小豆去海边收集一些海水。
收到！

小米去捡一些干树枝当柴火。

大家听清任务就
可以行动啦。

海水
器皿
干树枝

成功了！

原来再难的事，
只要分解为多个
子目标，就简单
多了。

面对有困难
的事，我可
以从拆分任
务开始。
VS
这么难完成的
事，不知该如
何开始……
NO

大家可能会有这样的体会，面对一项任务，有时候我们无法快速行动起来，是因为我们内心觉得这件事太难了，自己做不到，所以造成拖延或者一直止步不前。

任何复杂、难度大的事情都可以划分为简单的“小事情”，我们可以将困难的事情拆解成可细化、可执行的小目标，其设定遵循了循序渐进的原则。从这些小问题入手，以小见大，逐个击破。正因“小”的缘故，所以不会让人想要放弃，很容易就可以完成，并能感受到即时的反馈和喜悦。一些人可能会认为做小事情没有意义，但千里之行不可能一蹴而就，需要每一小步的积累才可达成。

面对一项比较难的任务，如果强行突破自己的能力范围，会给自己造成很大的压力，想要取得预期的效果也是较难的。不妨试试用“微行动”来做最快的调整，合理地细化所面临的问题，进行深入的分析与研究，这样不仅可以高效地解决问题，还可以培养积极向上的思维与处理事情的能力。

心理学家给你的建议

如何优化流程？

拆分目标（任务），厘清思路列方案

对目标（任务）难度进行评估，然后根据难易程度进行拆分。建议拿出一张纸，列出步骤，划分出“行动1”“行动2”等，这样细分后，压力就会减轻很多。

拆分任务
厘清思路
列出方案

学会做减法，提高行动的必要性

列出拆解步骤之后，别着急着手去做，先思考一下这些行动的价值。毕竟你完成一件事情的时间是有限的，选出必要的选项，不必要的可以舍去或者寻求他人的帮助，做个减法，让行动更加高效。

学会做减法，提高行动的必要性。

给任务归类，进一步优化流程

做完了减法，留下来的事情就是你必须亲自完成的了。判断哪些是可以同步进行的，比如，你要完成一次演讲，可以把搜集资料和练习朗诵相结合，在看资料时练习语调，这样能够达到“1+1>2”的效果。

给任务归类，判断哪些是可以同步进行的。

每天进步一点点

内驱力是让你变得更好、更优秀的一种动力，有了内驱力的推动，你的成长和学习才会更有目标。激发内驱力，才能在追求目标的路上更加自信和坚定。

你今天驱动自己成长了多少？

17 制定合理的短期目标，让自己有前进的方向

成长的烦恼

放暑假时，小琳制定了英语学习的目标：开学前提升口语水平。这两周，我看她每天读英语单词，然后逐渐过渡到段落朗读和背诵。她来我家的时候，还会时不时向我展示她的“战果”。在替她开心的同时，我也备受鼓舞，好在暑假才过了一半，还有时间，那么我该怎样像小琳一样制定适合自己的短期目标呢？

说说我的故事

萱萱，我打算
暑假里定一个
短期目标。

提升自己的
英语口语水平。

你有什么
计划吗？
我没有
……
06:00

20:00
小琳
英语口语练习"打卡"
第五天！加油加油！
一个月后
萱萱，你听一
下我的口语发
音怎么样？

好的……
If you give up when It's winter, you will miss the promise of your spring...
哇！小琳，你的口语真的好流利啊！
真羡慕你呀！
就是上次定下的短期目标，每天都坚持。
你也可以呀。
听原版音频
This is Amy. She's qniet.
朗读背诵
配音
对呀，暑假还有时间，我一定也可以做到的。

制定合理的短期目标，让自己有前进的方向。

我该怎样才能像小琳一样，制定并坚持自己的短期目标呢？

在现实生活中，为什么有很多中小学生制定的目标容易被放弃、被终止？比如“我今年的目标是要考第一名”“今年我要弹好钢琴”。

中小学生的自我控制能力并不是很强，过于远大的目标会让他们感觉难以实现，从而产生畏惧心理，导致失去动力、放弃目标。同时，远大的目标也很难使中小学生产生紧迫感，不能激发其积极性与学习动力，最终只能被放弃、被终止。

长期目标是人生的灯塔，而短期目标是梦想征程中的一个个脚印，它更加注重实际的行动，可以推动你不断前进。完成一个个短期的目标可以不断鼓舞自己更有士气与信心，明确自己在逐梦过程中如何逐一实现，以及在前进道路上如何更好地应对。

心理学家给你的建议

一个合格的短期目标需要满足什么条件呢？

1 设置时间节点

准确的时间节点能提高紧迫感，制订计划时要多考虑，选择合适的时间段，让自己有充分的精力去完成它。比如一周之内要晨跑三次、坚持一个月晚上十点之前睡觉、两天背一篇课外必背诗词等。

制订计划时要选择合适的时间段，让自己有充分的精力去完成它。

2 目标贴合实际

根据现阶段学习、生活的实际，合理地制定短期目标。可以结合身边的例子统筹分析，学会“取平均值”。比如你制定的目标分数为 98 分，但试卷太难，大家都没有考好怎么办？不如把目标换成“我要比上次前进多少名”。

合理地制定短期目标。
贴合实际

3 目标具体化

学会将目标具体化是提升行动力的重要方法。它使学习计划不再抽象和模糊，更具可操作性和可度量性。比如把“我要学英语”，改成“我要背会 100 个单词”。把短期目标描述得精准又具体，可以避免在验收时不知道自己到底有没有完成，也能避免欺骗自己的小心思。

!!
制定短期目标时，注意用词要明确。

每天进步一点点

内驱力是让你变得更好、更优秀的一种动力，有了内驱力的推动，你的成长和学习才会更有目标。激发内驱力，才能在追求目标的路上更加自信和坚定。

你今天驱动自己成长了多少？

18 为自己找个榜样，努力向他学习

成长的烦恼

有一次我去朋友家做客，看到她的床头挂了一幅辛弃疾的《西江月》书法作品。朋友说辛弃疾是她的榜样，不仅文武双全，而且在历经坎坷后依然心系国家，她也要成为那样优秀且坚强的人。接着她问我的榜样是谁，然而我并没有榜样，便随口编了个苏东坡，却说不出他的任何事迹来，一时涨红了脸。我的榜样是谁？我又要怎么向他学习呢？

说说我的故事

西江月·夜行黄沙道中
宋·辛弃疾
明月别枝惊鹊，清风半夜鸣蝉。稻花香里说丰年，听取蛙声一片。
七八个星天外，两三点雨山前。旧时茅店社林边，路转溪桥忽见。
小枫，你喜欢这首词呀？
哈哈，是呀。

我喜欢辛弃疾，他可是我的榜样呢！
榜样？

辛弃疾可厉害了，文能提笔安天下，武能上马定乾坤。
虽然他经历坎坷依然心系国家！

辛弃疾好厉害呀。
骏骏，你的榜样是谁呀？

我……我还没有榜样，说出来会不会被小枫笑话呀？

骏骏？骏骏？
你的榜样是
谁呀？
苏……
苏东坡。
不错啊，他是唐
宋八大家之一
呢，你知道他的
事迹或典故吗？
嗯……
典故？
东坡肉？
东坡肉！！！
哈哈哈哈哈
哈！！！
我的榜样
是谁呢？
我要怎么向
他学习呢？

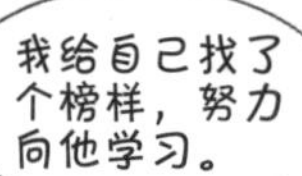

我给自己找了个榜样，努力向他学习。

我的榜样是谁，我又要怎么向他学习呢？

榜样的力量体现在激发潜能上。当我们看到优秀的人取得辉煌的成就时，往往会受到鼓舞，从而激发出自己的潜能。正如古人所说：“见贤思齐焉，见不贤而内自省也。”当我们看到运动员在比赛中勇夺冠军时，会想到自己在学习和工作中也可以追求卓越；当我们看到科学家为人类的进步做出巨大贡献时，会意识到科学强国的重要性，从而更加努力学习科学知识。

榜样的力量也体现在塑造品格上。正如孔子所说：“三人行，必有我师焉。”我们可以从榜样身上学到诚实守信、勤奋努力、谦虚谨慎等品质，从而塑造自己的品格。

榜样可以是伟人、名人、先进个人，也可以是身边的亲人、同学。只要是有正确的世界观、人生观、价值观，自信、自立、自强，有进取心、责任心，勤奋、刻苦的人，都可以成为我们学习的对象。

心理学家给你的建议

怎样找到自己的榜样，向优秀的他学习呢？

看看你的周围有没有值得欣赏的人吧

榜样不一定是名人志士，也可以是身边优秀的人，找到其闪光点，向其看齐去提升自己。可以是你敬爱的老师，从他身上学习治学严谨的态度；可以是你的父母，从他们身上学到责任心。

我的周围有值得欣赏的人吗？

明确自己想获得什么能力

以目的为出发点选择榜样：以严谨为目标，可以选择科学家做榜样；以乐于助人为目标，可以选择雷锋做榜样。按照自己的意愿去寻找，会更容易从榜样身上学到自己想要的品质和能力。

我可以从榜样身上学到乐于助人的品质。

从不同领域寻找榜样

你可以在想要提升的领域内寻找榜样，美术、音乐、体育、传统文化……不必拘泥于年代，从古到今，只要能给你带来积极影响，给你启发和力量，在人生的各个阶段激励你前行，任何人都可以成为你的榜样。

我可以试试从不同的领域寻找榜样。

每天进步一点点

内驱力是让你变得更好、更优秀的一种动力，有了内驱力的推动，你的成长和学习才会更有目标。激发内驱力，才能在追求目标的路上更加自信和坚定。

你今天驱动自己成长了多少？

19 坚持把一件事做完，给自己更多成就感

成长的烦恼

今年生日，爸爸妈妈给我准备了一份我期待已久的礼物——乐高星际战舰！兴奋的我立刻开始了组装，但新鲜感只持续了几天我就放弃了，很快玩具上就落了薄薄的一层灰。爸爸发现后，拉着我又来到乐高前。在爸爸鼓励的目光下，我又一次拿起了乐高，经过三天的努力，终于得到了一架自己的宇宙飞船！看着自己的劳动果实，我心里满满都是成就感。

说说我的故事

儿子，怎么没有拼完呀？
我觉得好麻烦……

做什么事都不可以半途而废呀。
你不是说喜欢这个战舰好久了吗？

喜欢的事情都不能坚持做完，试想你怎么能做好其他的事呢？
哦。

爸爸陪你一起拼。

第一天
第二天
第三天

哇！爸爸，你看咱们成功啦！

坚持把一件事做完，会给自己更多成就感哦。
VS

遇到困难我就习惯性逃避，如何坚持把一件事做完呢？

做事情坚持不到最后，在心理学中有个专业的术语，即“半途效应”，指人们在追求目标的过程中，由于心理、环境等因素，导致中途出现停止的一种消极现象。

完成一件事情需要一个过程：准备—实施—调整—完成。当坚持做完一件事时，成就感会伴随着结果一起出现。成就感是决定有没有行动力、是否可以坚持的关键。有了成就感作为动力，就如同给机器安上了发动机一样，可以进一步强化自信，形成内在动力，降低放弃的可能性。如果总是事情做到一半，心思就飞到其他地方，会养成半途而废的坏习惯，最终只能一事无成。

当你想要放弃的时候，可以想想已经付出的时间和精力，鼓励自己再多努力一会儿，因为半途而废太可惜了，而坚持一下，把事情完成，会给你带来更多的成就感。

心理学家给你的建议

如何坚持把一件事做完，提高成就感？

找到做这件事的兴趣点

在我们要做一件事情的时候，最需要确定的就是自己对这件事情是否喜欢、是否感兴趣。如果不喜欢，那你自然不会对这件事太过认真；如果真的喜欢，那么内在的推动力会促使你带着兴趣去做好这件事情。

找到做这件事情的兴趣点。

制定适合自己的目标

就算是自己喜欢的事，想要坚持做完也必须给自己制定一个合适的目标。目标要符合你当前的实际情况，详细、具体，才会有可操作性。

制定一个适合自己的目标。

循序渐进，培养毅力

如果经常出现半途而废的情况，不妨从生活中的小事开始，有意识地培养自己的毅力，如早睡早起、坚持跑步等，并在坚持的过程中慢慢养成习惯，而这种坚持的成就感会转化成积极的力量。

有时候你缺少的是坚持下去的毅力。

每天进步一点点

内驱力是让你变得更好、更优秀的一种动力，有了内驱力的推动，你的成长和学习才会更有目标。激发内驱力，才能在追求目标的路上更加自信和坚定。

你今天驱动自己成长了多少？

20 坚持几个“微习惯”，帮你养成受用一生的自律

成长的烦恼

最近我发现，身边的朋友都有自己的日常习惯，而且有几个好朋友还坚持得特别好，我还真有点儿羡慕他们。于是，我也定了个目标——晨练，可是天越来越冷，有时候又懒得下楼，这个目标就搁浅了。后来我又开始写日记，兴致昂扬了几天后，日记本都找不到了。我有些懊恼，这么简单的小事，我怎么就坚持不下来呢？

说说我的故事

小蕊，你有坚持几个“微习惯”吗？
啊？什么是“微习惯”呀？
“微习惯”就是小习惯。
比如我每天睡前都要背10个单词，这样坚持了好久呢。
你知道学习委员为什么知识面这么广吗？
他每天拿出半个小时的时间去读课外书。
听说都坚持好几年了呢。
难怪他懂的那么多！我也要像你们学习，坚持“微习惯”！
放学回到家
要不坚持晨练吧，锻炼好身体很重要。
第一天

第二天
第三天
天气越来越冷了，晨练还是算了吧。
要不坚持每天写日记吧，记录精彩生活。
第二天
第三天
几天后
哎呀，这几天忘记写日记了！
日记本到底放哪里了？
唉，这么简单的“微习惯”我都坚持不下来吗？

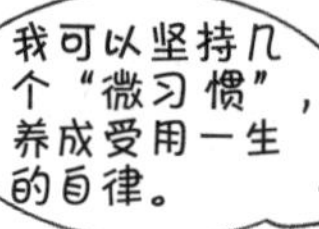

我可以坚持几个"微习惯"，养成受用一生的自律。

为什么这么小的事情，每天坚持都这么难呢？

养成一个好习惯是公认的难事，常常是刚开始动力十足，可坚持不了一段时间就不想继续了。出现这样的情况也不用担心，现在，我们来看一种有效的习惯养成策略——“微习惯”培养。

所谓“微习惯”，从字面上就能看出，即非常微小的积极行为，小到做起来根本没有难度，也不可能失败。也正是因为这样的特性，“微习惯”的养成才不至于给人造成任何心理负担。

“微习惯”的养成可以借助“微步骤”来实现。比如你想坚持读书，但是每天坚持读半小时很难做到，那么刚开始规定自己每天读五分钟就好。只要你勇敢地迈出了第一步，就会逐渐消除对任务不能完成的怀疑，不会因为做不到而内疚，从而消除一些消极情绪。

“微习惯”不仅是培养好习惯的策略，还是锻炼意志力的基石。坚持几个“微习惯”，让自己更有成就感，从而养成受用一生的自律。

心理学家给你的建议

什么样的“微习惯”才是需要坚持的？如何坚持？

1 选择你的“微习惯”

每个人要学的东西不同，行为习惯也不同，我们要制定自己的微习惯目标，比如每天读 5 页书，做 50 个仰卧起坐，背 10 个单词。需要注意的是，微习惯虽然小，一定不要制定的太多，建议每天坚持的微习惯不要超过 4 个。

简单到不可能失败的“微习惯”指南。
“微习惯”指南

2 设定时间表，时刻追踪进度

我们可以把微习惯放在某个特定的时间内，并列入日程，在同样的时间内，长久做一件事情，就会形成习惯。建议你隔一段时间就回顾一下自己是否已经改变，追踪成长的进度。一段时间之后，就可以看到明显的变化。

3 记录完成结果

任何习惯的养成都非一日之功，都是长期的，所以过程也是需要不断调整的。因此，做好记录显得尤为重要，有了详细的记录，我们知道问题出在哪里，后面也可以针对性地解决，有助于确立方向，从而养成良好的习惯。

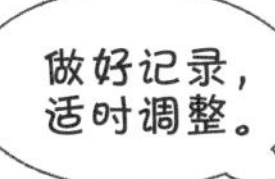

做好记录，适时调整。

每天进步一点点

内驱力是让你变得更好、更优秀的一种动力，有了内驱力的推动，你的成长和学习才会更有目标。激发内驱力，才能在追求目标的路上更加自信和坚定。

你今天驱动自己成长了多少？

第五章

实操篇：

解决具体问题，重新点燃内驱力

21 我想当个作家，同学们都嘲笑我异想天开，怎么办？

成长的烦恼

课间时，我拿出笔记本构思着自己小说的故事情节。正在琢磨时，同学趁我不注意，一把夺走了我的笔记本，翻看了一会儿就嘲笑我说："这稚嫩的文笔也想当作家？"我大受打击，把头埋在臂弯里哭了起来，他们见状就讪讪地散开了。这件事让我的内心久久不能平静，难道我真的没有天分吗？面对别人的质疑，我到底该怎么做？

说说我的故事

我的梦想是
当一名作家。

XX签售会!!

课间
后续
……

这稚嫩的文笔
也想当作家?
哈哈,
哈哈!
还给我!
什么?小蕊要
当作家?是“坐
下”的“坐”吧!
每次作文都写
得一般般……

异想天开！
哈哈。

同学们都嘲笑我异想天开，我要怎么办才好？

心理学家和你
聊聊天

我可以从容地面对追梦路上的质疑声。

VS

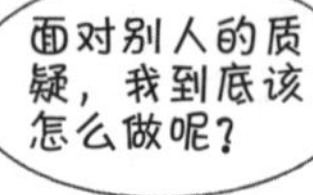
面对别人的质疑，我到底该怎么做呢？

质疑

追逐梦想的过程并不是一帆风顺的，除各种各样的困难之外，还有他人的质疑声。当面对质疑与嘲笑，你会怎么做？是放弃梦想还是坚守梦想？

因为每一个人的追求不同，所以人会对与自己过于不同或者无法理解的梦想产生怀疑，甚至嘲笑。被质疑或被嘲笑后的重点并不在于反击对方或者为自己讨一个说法，而是在于对梦想的坚持。被说异想天开，被说怎么可能实现，那又怎样？命运掌握在自己的手中，而非他人的言语之中。不妨将他人尖锐的话语变成前进的动力，收敛锋芒，积蓄力量。

梵高曾感叹道："每个人心中都有一团火，而路过的人却只看到了烟。"要想实现梦想，就应该辩证地看待他人的质疑，不要过于在意，以至于让他人主导自己的人生，也不可一意孤行，因为合理的质疑可以让人反思并进步。

心理学家给你的建议

怎样从容地面对追梦路上的质疑声？

1 控制好自己的情绪

别让不好的言论影响你对梦想的信念，对于他人否定的话，你可以选择性地去听，控制住自己的情绪，不接收、不理会，让那些想看你笑话的人得不到乐趣，久而久之，他们就不会以嘲笑你为乐了。

学会控制好
自己的情绪。

2 降低自己的疑心

有时你接收到的信号可能不是他人的本意，试着降低自己的疑心，自信一点儿，不要放大对方否定的言语对自己的影响。很多烦恼都是自己造成的，心理过于敏感的人会总是不快乐。

试着降低自己的疑
心，自信一点儿。

3 客观接受他人的评价

别人对你的评价并非只有负面的，也会包含对你的期盼。你可以把它们当作鼓励和改正的方向，学会客观看待质疑，别人指出哪方面能力不足，你才能有效地改进。

学会客观接受
他人的评价，
及时自省。

每天进步一点点

内驱力是让你变得更好、更优秀的一种动力，有了内驱力的推动，你的成长和学习才会更有目标。激发内驱力，才能在追求目标的路上更加自信和坚定。

你今天驱动自己成长了多少？

22 我制订的计划经常做到一半就放弃了，怎么办？

成长的烦恼

假期在家，我练起了毛笔字。我本来的计划是学习写楷书，但经过几天的练习，我的字还是歪歪扭扭，一点儿起色都没有，便逐渐有了不想练的念头。在“家”字再一次写失败后，我直接扔下笔不练了。这种情况不是第一次发生了，我经常在计划进行到一半时就放弃。到底该怎么坚持完成计划呢？

说说我的故事

暑假期间
这个假期
我一定要练
一手好字！
毛笔字计划

第二天

第三天

第四天

第五天
我的字怎么
还是歪七扭
八的呀……

算了，再
练一页。

不练了！

怎么啦，睿睿？练字把自己气到了啊。

我都练了好几天了，一点儿进步都没有。

练字是非常考验耐性的。

什么事儿想要做好，都需要有个过程。

背单词
这么多根本背不过来，算了，还是放弃吧。
都学了半个月了，还是复原不了，算了。
魔方挑战
妈妈，我最近做什么事都坚持不下去，总是会半途而废。
我该怎么办啊？

我可以避免中断，将计划进行到底。

我制订的计划总是半途而废，我该怎么坚持完成计划呢？

斯克兰顿大学的一项研究发现，只有大约 8% 的受访者能够完成自己设定的计划。这不禁让人思考，为什么制订好的计划经常做到一半就放弃了呢？

总是完不成计划，最主要的原因是内驱力匮乏。拥有强大内驱力的人有一个共同点：长远且明确的目标与坚毅的品质。只有内在的动力才能使人保持长久的热情，将计划进行到底。内驱力薄弱的人则比较被动，或许会在“三分钟热度”的支持下做一部分，但只要劲头一过，便开始偷懒，久而久之，待做的计划就会被束之高阁。

每一次的半途而废都会使人的惰性萌发，内驱力减弱，长此以往就会陷入恶性循环当中。所以当你想要放弃时，鼓励一下自己，再坚持一下。在这个过程中，不仅可以改掉半途而废的坏习惯，还能增强内驱力，从而进入一个良性循环中。

心理学家给你的建议

怎样避免中断，将计划进行到底呢？

将整体计划细分，做好每日计划

连续地完成计划能让人每天充满干劲，促进最终目标的达成。比如你打算一个假期学会游泳，每天下水之前就要计划好今天的任务和目标：第一天克服下水恐惧，第二天练习憋气，第三天借助工具练习下肢动作……

别让计划停滞，要有超越自己的觉悟

有些人实施计划时进展很慢，有些人却能每天迎接新的挑战，他们的区别在于是否有超越自己的信心和觉悟。计划停滞一天，可能还能保持热情，那三天呢？一个月呢？

把计划公之于众，接受监督

可以把计划写下来张贴在家里，或者告诉身边的家人和朋友，从而让自己有心理压力，用外在的压力监督自己按时完成计划。因为这件事已经告别了别人，如果做不到就会很丢人。这样就能激励自己尽快推进计划。

妈妈，你可以监督我按时完成自己的计划吗？

每天进步一点点

内驱力是让你变得更好、更优秀的一种动力，有了内驱力的推动，你的成长和学习才会更有目标。激发内驱力，才能在追求目标的路上更加自信和坚定。

你今天驱动自己成长了多少？

23 下学期我要住校，依赖父母习惯了，怎么办？

成长的烦恼

有一次打完篮球，我大汗淋漓地回了家，随手把汗湿的衣服脱下搭在椅背上、袜子扔在一旁，就去冲凉了。妈妈一边动手帮我收拾，一边嘱咐我：“要住校的人了，不能什么都依赖父母，要独立起来。”话音未落，我连忙满口答应。是啊，我下学期就要住校了，可我习惯了什么都依赖父母，该怎么让自己独立起来呢？

说说我的故事

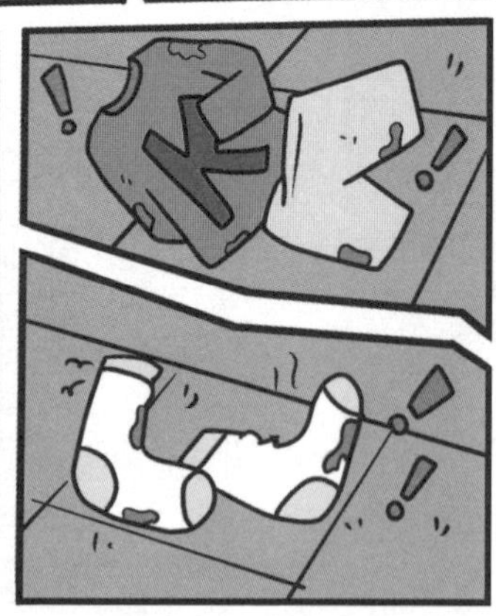

妈妈，帮我
拿一下浴巾吧
还有拖鞋。
你马上就是要
住校的人了，
要独立起来。
不能什么事
都依赖父母。
我知道了，
妈妈。
我下学期就
要住校了。
但是我已经
习惯依赖父母
了，怎么办？
住校后
以前都是
妈妈帮我
洗衣服
……

我可以学会独立，不再事事依赖父母。

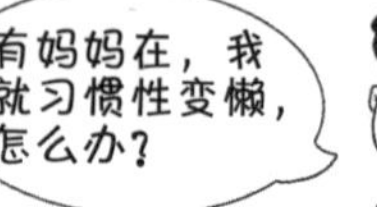

有妈妈在，我就习惯性变懒，怎么办？

离开父母、独立做一些事情的确会让人感到不适应，但这是人生的必经之路，所以必须正视内心的恐惧，在克服的同时养成不过分依赖他人的好习惯。

随着年龄的增长，这种依赖行为会因为独立性的增强而逐渐减弱。但有的人表现出了与其年龄不相称的过分依赖行为，这样会使人缺乏自信，没有办法独立起来。

学校、社会并不像家里，别人不会像父母一样无条件地包容你，也不会像父母一样无私地照顾你。过分依赖父母的人会难以与他人进行正常相处，导致自己所处的社交环境变差。而这种环境会间接影响人的学习效率与积极性，甚至导致厌学等情况的产生。

雏鸟终将离开巢穴飞向天空，你我也终有一天离开父母、走向社会，开启属于自己的生活。让自己勇敢一点儿，独立一点儿，有条不紊地安排好自己的学习和生活。

心理学家给你的建议

怎样学会独立，不再事事依赖父母呢？

1 自己做力所能及的事情

洗衣服、打扫卫生，这些力所能及的小事要自己做，要具备照顾自己的能力。平常少喊几次“妈妈”，多试着自己解决，不要让自己成为有事就叫妈妈的“巨婴”。

力所能及的事情自己来做。

2 学会收纳，分类管理

当你脱离家庭，就不能指望父母给你收纳物品了。建议你读一读关于收纳的书籍，学习收纳方法，从自己的房间做起，把东西分类保存，记清它们分别放在什么位置，有助于锻炼你独立生活的能力。

学会收纳，将自己的东西收拾妥当。

3 在独立的环境中培养自己

遇到事情时，先考虑凭自己的力量是否能够解决，不要抱着有父母“保底”的心态，多给自己一些独立的空间，比如住校期间独自回宿舍、自己制订学习计划、照顾好自己的饮食起居等。

多给自己一些独立的空间，在独立的环境中培养自己。

每天进步一点点

内驱力是让你变得更好、更优秀的一种动力，有了内驱力的推动，你的成长和学习才会更有目标。激发内驱力，才能在追求目标的路上更加自信和坚定。

你今天驱动自己成长了多少？

24 我感觉自己兴趣很多，但都学不精，怎么办？

成长的烦恼

过年家庭聚会，亲戚们听说我学了吉他，都起哄让我表演。大姨说：“小蕊之前学过唱歌、跳舞，才艺可多了。”只有我自己知道，虽然我感兴趣的东西很多，但都是“三分钟热度”，最后都没有学精，现在连一个拿得出手的才艺都没有。我赶紧找个借口谢绝了。为什么我感觉兴趣很多，但都学不精呢？真苦恼啊！

说说我的故事

家庭聚会
小蕊，听说你学吉他了呀？

嘿嘿，学了有一段时间了。

来来来，给大家弹一段儿听听。
来呀，弹一个。

我现在弹得还不够熟练。

小蕊之前学过唱歌、跳舞，才艺可多了。

是吗？厉害呀！

没看出来，小蕊还是个多面手呢。

不会都让我表演一遍吧？
大姑说的技能我都只学了皮毛，没有能拿得出手的啊。
唱歌
舞蹈
吉他
小蕊，快来弹一段呀，别害羞啦。
大姑，我今天不太舒服，改天再表演吧。
唉……
为什么我有这么多兴趣，却都学不精呢？

心理学家和你
聊聊天

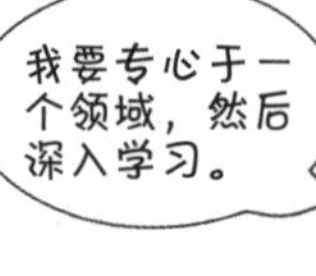
我要专心于一
个领域，然后
深入学习。

我感觉自己兴
趣很多，但都
学不精……

一棵树要长得高，就得在它小的时候把枝蔓剪掉，让营养都集中在主干上，才有可能长得又高又直。人也一样，只有把有限的精力用在一个点上，才有希望脱颖而出。

今天想学国际象棋，明天想学街舞，后天又想学点儿其他的，兴趣爱好广泛会让人的知识体系更加丰富，这毋庸置疑，但每个人的精力和时间都是有限的，如果什么都想学，最终只会让精力分散，无法兼顾，很难保证每项都能得到足够的时间练习，想要都发展得好就比较困难。

当然，如果你的兴趣爱好广泛，可以同时进行。建议在学习一段时间后，进行复盘，看看自己是不是真的喜欢、是不是有明确的下一阶段的目标。如果都处于蜻蜓点水、博而不精的状态，建议从中选出最令自己喜欢的兴趣，然后集中投入时间与精力，反复练习，直至学精。

心理学家给你的建议

如何专心于一个领域，深入学习呢？

认清自己的优势，再选择兴趣

跳舞考验身体的协调性，音乐需要乐感……认清自己有哪些优点、哪些不足，是否能长期坚持。不要对着不适合的项目硬学，调整好策略，根据自己的优势选择兴趣。

认清自己的优势，
再选择兴趣。

拒绝浅尝辄止，要深入学习

对很多事情感兴趣不可怕，可怕的是走马观花，学了个皮毛就跑去做另一件事。我们要专注于正在学习的东西，培精心、戒骄心、去躁心，培养专注力和深度思考的能力。

对很多事情感兴趣
不可怕，可怕的是
走马观花。

别给自己设限，谦虚才能进步

专注于一个爱好，就要全力以赴，别给自己设限，也不要“初生牛犊不怕虎”，认为自己了不起。虚心才能更加进步，放低姿态，多向他人学习，才能够在自己的领域钻研得更加深入、走得更远。

别给自己设限，
谦虚才能进步。

每天进步一点点

内驱力是让你变得更好、更优秀的一种动力，有了内驱力的推动，你的成长和学习才会更有目标。激发内驱力，才能在追求目标的路上更加自信和坚定。

你今天驱动自己成长了多少？

我想学画画，但是妈妈非要让我学舞蹈，怎么办？

成长的烦恼

寒假要到了，我想报一个画画班。可是妈妈认为女生学舞蹈好，能提升气质。但是我对舞蹈并没有那么大的兴趣，身体也不是很柔软。而画画可以让我在纸上尽情地表达自己的情感和思想。我们为此产生了分歧，决定等爸爸回来再询问他的意见。我很苦恼，难道自己的兴趣爱好不能由自己选择吗？

说说我的故事

我的梦想是长大后当一名画家。

画家

妈妈，寒假我想报个绘画兴趣班。

可是我只对画画感兴趣。
而且我的好朋友也在学画画。
小米，你是真喜欢，还是要和朋友一块儿去玩呢？
真的喜欢画画！
那你等爸爸回来，问一下他的意见再说吧。
好。
爸爸！
爸爸，我想学画画。
但是妈妈非要让我学舞蹈，我该怎么办？

面对父母的干涉，我可以权衡好利弊，维护自己选择的权利。

父母总是干涉我做决定，难道自己的兴趣爱好不能由自己做主吗？

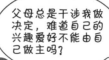

父母对于孩子有着本能的关心和期望，这是他们爱的体现，这一点毋庸置疑。只是有时候他们会忽视孩子真正的需要和兴趣，或者没有尊重孩子的独立性和个性，更多地从自己的经验和期望出发来安排孩子的生活，甚至一味地将自己的意愿强加给孩子。

孩子依赖父母，但同时又是独立的个体。孩子的自我意识觉醒后，会有非常强烈的自我发展、独立自主的意愿。这个时候父母和孩子的分歧就会在所难免。

当孩子与父母有分歧时，不能一味地抱怨或抗拒，而是要学会与父母进行有效的沟通，在相互理解和尊重的基础上进行良性互动。了解父母的初衷，也让他们了解我们的想法和需求，跟他们说说自己真正喜欢的是什么、对自己的爱好有什么规划……

每个人都有自己的梦想和追求，希望父母们都能学会放手，让孩子在探索和尝试中成长。

心理学家给你的建议

面对父母的干涉，如何权衡利弊，维护自己选择的权利呢？

1 理解父母的初衷

父母之爱子，则为之计深远。父母对你未来的考虑比现阶段的你更全面和长远，你可以认真听一听他们的意见。即便意见不同，也请先看见他们对你的爱，理解他们。

2 清晰地阐明自己的立场

面对父母的干涉，你想坚持自己的想法，就要和父母进行正式的谈话，把你的观点仔细清晰地阐述出来，包括你对这个项目的学习目标和具体规划，让父母看到你的决心。

妈妈，我很严肃地跟你说，我真的很喜欢画画。

3 说到做到，让父母放心

父母得知你的规划后，会明白你对自己的事情是认真考虑过的，不是“三分钟热度”。你也需要证明自己是认真的，让他们相信你是个内驱力强、说话算数的孩子。这样以后再面对类似的事情，父母会更放心让你自己去做。

我可以用实际行动证明自己的决心。

每天进步一点点

内驱力是让你变得更好、更优秀的一种动力，有了内驱力的推动，你的成长和学习才会更有目标。激发内驱力，才能在追求目标的路上更加自信和坚定。

你今天驱动自己成长了多少？

我只喜欢踢球，不想上学了，这样可以吗？

成长的烦恼

校园足球赛圆满结束，我们队获得了第一名，我作为球队的主力队员被教练当众表扬，之后我就越发喜欢踢球。本来就对学习没有兴趣的我，越来越不想上课，只想专心踢球。这个想法被教练一票否决。看着教练苦口婆心劝说我的样子，我很闹心，又觉得很委屈。为什么不可以只学感兴趣的东西呢？踢球就不能实现自己的价值吗？

·说说我的故事·

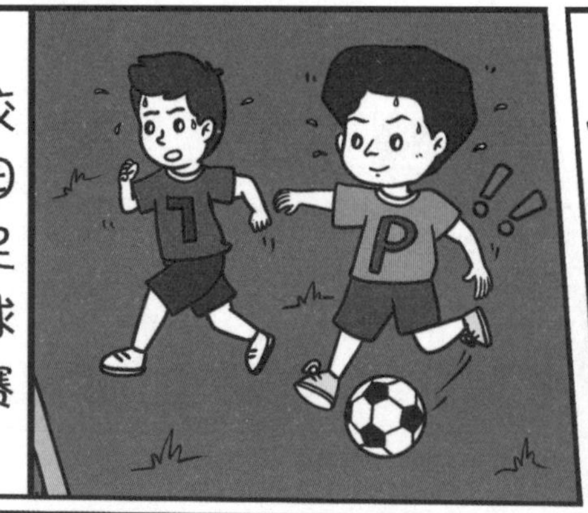

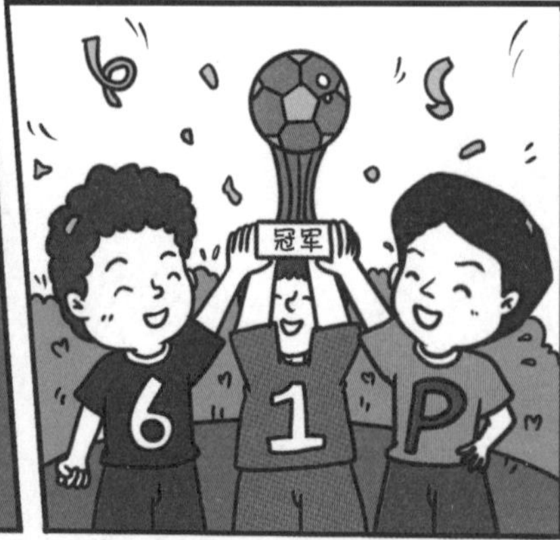

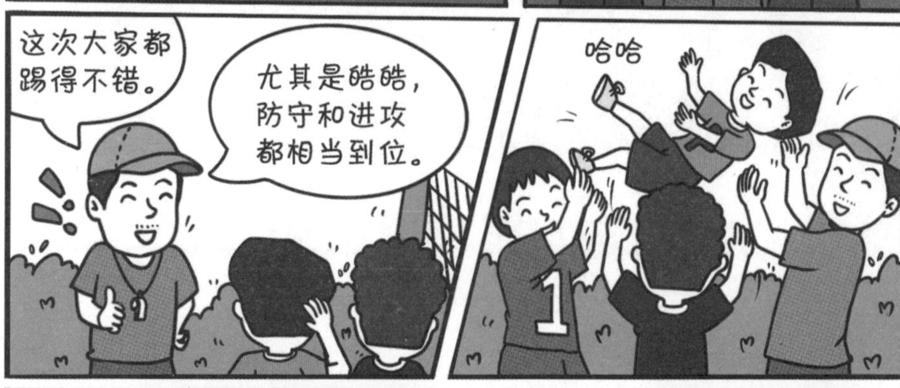

这次大家都踢得不错。
尤其是皓皓，防守和进攻都相当到位。
哈哈

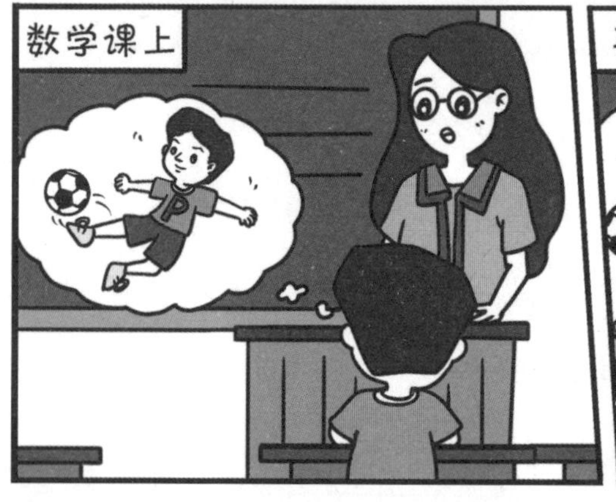

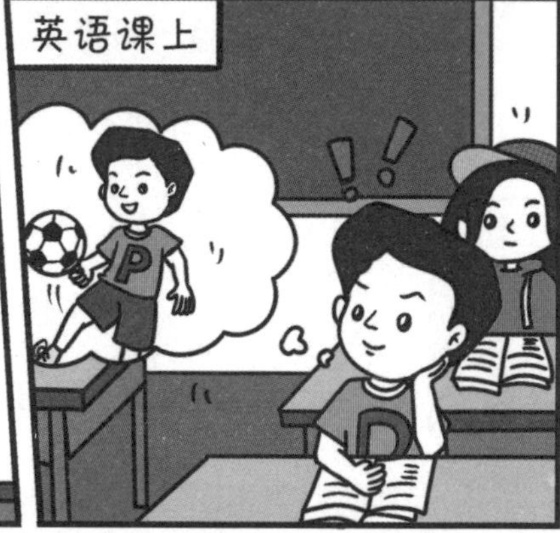

上课真无聊，还是踢球有意思。
要不找教练说说？
下课后
教练，我不想上课了，只想好好踢球。
我本来对学习就没什么兴趣。
这怎么行？球可以不踢，但必须好好学习！
期末成绩如果下滑了，那么球队也不要你了。
我知道了，教练。
为什么不可以只学自己感兴趣的东西呢？
难道踢球就不能实现自己的价值吗？

心理学家和你聊聊天

我可以兼顾学业和爱好，找到其中的平衡点。

VS
为什么不可以只学感兴趣的东西呢？这样不是更专一吗？

是不是很多同学会有这样的认知：练体育不需要动脑，只需要尽情地练习、研究战术就行了？只要坚持一项运动，就能取得一定的成绩，同样能实现自己的价值？其实这就是能否从小就选择走体育专业、甚至职业道路的问题了。

实际上，对于大部分人来说，体育可以是终身的爱好，但是很难变成终身的职业。就拿篮球或者足球来说，全国这两项运动的职业球员加起来也只有一万多人。而且就算是进行体育锻炼，也是需要不断学习的，在练习中动脑思考、总结经验、举一反三，并没有想象中那么容易成功。

如果你真的特别喜欢某一项体育运动，不妨在学习中抽时间专门针对其多加训练，同时也进行文化课的学习和积累。等到中考、高考的时候，再根据自己的情况判断是否报考体校。而且就算报考体校，也是有文化课的要求的。所以，发展自己的兴趣爱好与上学并没有实质性的冲突。

心理学家给你的建议

怎样兼顾学业和爱好，找到其中的平衡点呢？

兴趣是建立在学业基础之上的

不管以后选择什么方向，学习理论知识、树立正确的价值观都至关重要。现阶段找到了未来想要发展的路是件幸事，可以在课余时间培养兴趣，以后真的想走这条路，再着手将兴趣发展为职业也不迟。

树立正确的价值观是非常重要的。

不能因为逃避学习而选择兴趣

你想只做喜欢的事的原因是什么？是因为真的喜欢，能坚定地做下去，还是因为不想学习，单纯地觉得那样更加轻松？喜欢的事可以作为课余的乐趣和爱好，但并不能成为你现阶段生活的重心。

不要因为逃避学习而选择兴趣。

分配好学习和兴趣的时间

根据自己的实际情况，制订合理、可行的兼顾学习与兴趣的计划，严格按照计划来执行。分配好学习和兴趣的时间，就会忙而有序，既不耽误学习，也能着手发展自己的兴趣爱好。

要分配好学习和兴趣的时间，制订合理、可行的计划。
学习
兴趣

每天进步一点点

内驱力是让你变得更好、更优秀的一种动力，有了内驱力的推动，你的成长和学习才会更有目标。激发内驱力，才能在追求目标的路上更加自信和坚定。

你今天驱动自己成长了多少？